SHOPPING 3.0 GRAZIE A
FOX TECH BESTSHOPPING

RISPARMIA SFRUTTANDO ERRORI DI PREZZO, SCONTI A TEMPO, SUPER PROMOZIONI

I MIGLIORI NEGOZI ONLINE E PRODOTTI

ISCRIVITI IMMEDIATAMENTE E SCOPRI TUTTI I GIORNI QUANTE OFFERTE!
PAGINA TELEGRAM UFFICIALE: **FOX TECH BESTSHOPPING**

QUALI COMPONENTI?

La componentistica per andare a realizzare un pacco batteria 7s è semplice e molto intuitiva da utilizzare, abbiamo infatti:

1 Scheda di controllo 7S con connettore multi cavo
1 set cavetti elettrici di potenza e media potenza
7 celle litio 18650 (o multipli di 7 ove necessario parallelare)
1 Caricabatteria da rete 7S
2 soket plastici per 7S
1 set di nichel conduttore per saldare le celle
1 connettore per la ricarica
2 connettore di potenza (Uscita per carico) 1M/1F
1 Guaina Termica per chiudere il pacco – OPZIONALE

Consigliamo utilizzare cavo elettrico gommato di buona qualità, questa tipologia di prodotto è flessibile, resistente e altamente isolante, oltre che vi darà una conducibilità elettrica molto alta, che come sappiamo è il punto focale delle batterie litio, infatti una sola cella è capace di generare altissime correnti di picco, anche oltre i 20Ampere.Se non di buona qualità il cavo andrà in combustione al primo cenno di sovracorrente.

Andiamo a vedere nel dettaglio i componenti base di questo pacco batterie, vi comunichiamo comunque che esistono centinaia di alternative per andare a realizzare un pacco batterie da 7S, con più o meno componenti e accessori.

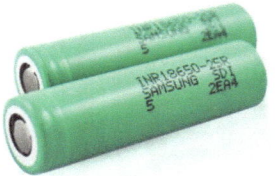

Esempio scheda di regolazione di Carica per Pacco Batteria 7s

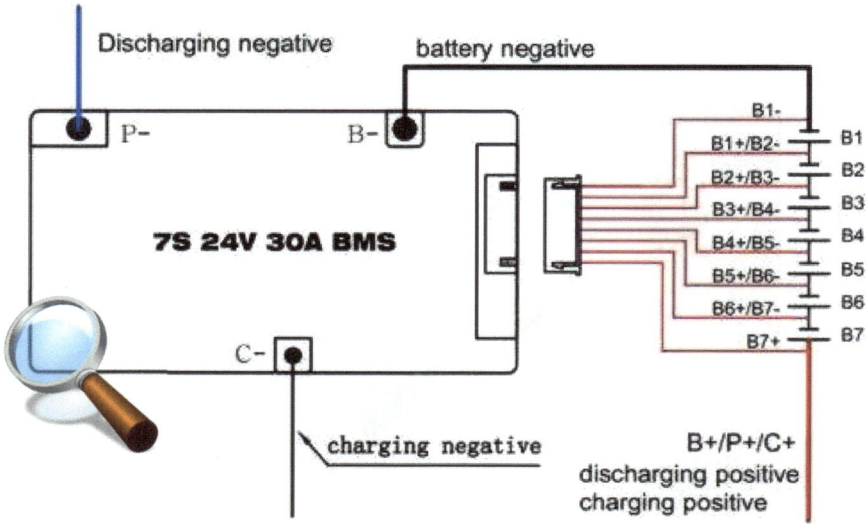

Esistono in commercio differenti centraline di controllo e bilanciamento carica, come facciamo a distinguere quale fa al caso nostro? Nel caso di un pacco batterie da 7 celle in serie e con tensione finale di circa 29.4v dobbiamo obbligatoriamente andare ad acquistare una scheda fatta appunto per questo scopo. In Foto la scheda 7S, piccola nelle dimensioni ma precisa e molto affidabile, grazie alle varie protezioni integrate, vedi protezione temperatura, protezione sovraccarica, cortocircuito e low charger (bassa tensione delle celle). Infatti abbiamo il sistema che ci protegge le celle da una carica oltre soglia e da una scarica sotto soglia. Un altro dato importante per scegliere la scheda è la corrente massima d'uscita, questa scheda infatti ha come max corrente di uscita circa 15A, questo è un dato come dicevamo importante perché in base a cosa dobbiamo andare ad alimentare va scelta la scheda. Più il nostro carico assorbe corrente più la nostra scheda di bilanciamento carica dovrà permetterà una corretta alimentazione dello stesso. Se devi alimentare un circuito da max 29.4v con basso assorbimento puoi scegliere una Scheda BMS con corrente bassa, ma più sarà il suo consumo più grande e prestazionale deve essere la scheda.

La scheda come ormai avrai inteso, fa un doppio lavoro, quello di ricaricare le celle, infatti ricaricherà in maniera distinta e separata le 7 celle che tu hai saldato in serie, questo grazie alle interconnessioni con la cavetteria del BMS, Ogni cella andrà a ricaricarsi fino alla soglia di circa 4,2v e non sotto a circa 2.9v quando scarica. Il compito della scheda sarà quello di mantenere le celle a uguale tensione, durante tutta la vita del pacco batterie. Il secondo lavoro della scheda è quello di gestire il carico di potenza, dunque dare elettricità al tuo utilizzatore, gestire i picchi di corrente ed eventualmente proteggere da vari effetti esterni ed interni al pacco batterie.

ATTENZIONE: Quando andate a saldare le celle prestare massima attenzione a non invertire le polarità, batterie litio ad alto potere esplosivo

QUALE SCHEMA ELETTRICO

Come Puoi vedere il sistema 7S sono 7 batterie 18650 saldate in serie, questo sistema può essere utilizzato sia con 7 celle che con più celle (parallelate) Vedi esempio in basso.

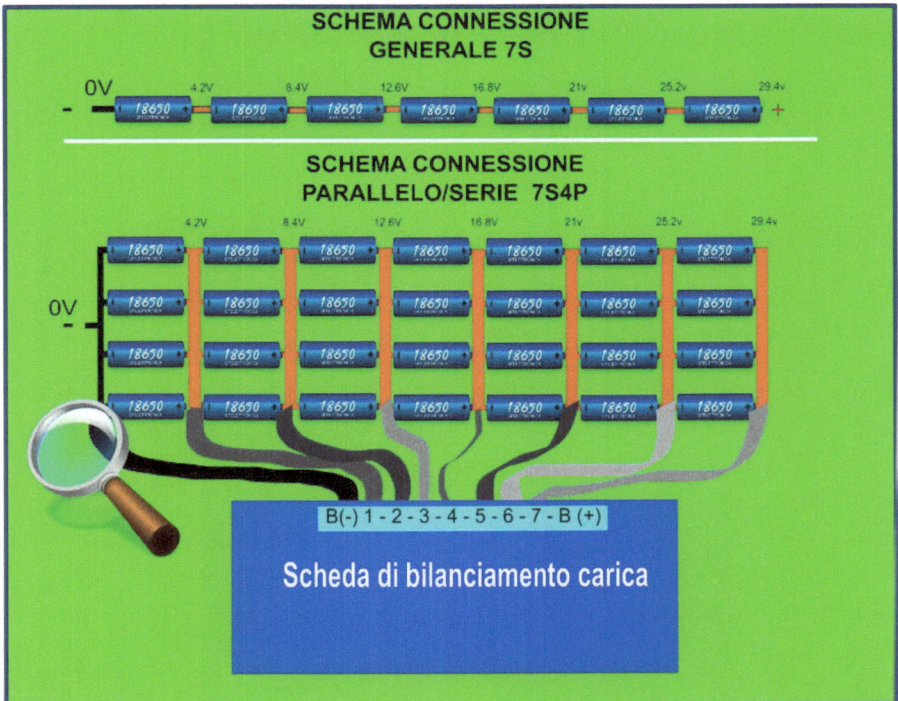

L'alimentazione per alimentare i tuoi carichi andrà prelevata dai pad della tua scheda di gestione, in base alla scheda differenziano i PAD.

Avrai comunque:

2 pad per la batteria (positivo/negativo) Più tutti i settori intermedi, che sono i punti di connessione tra le serie.

2 pad per il caricabatteria

2 pad per l'uscita di alimentazione utilizzatore

<u>Molti regolatori invece possiedono meno Pad, questo perché mettono in comune l'ingresso e uscita unificandoli in soli due PAD, avrete cosi due pad per ingressi carica/uscita Voltage e altri due per la connessione batteria.</u>

Il Sistema 7S si può ove necessario di più autonomia ingrandire quasi all'infinito, ciò consiste nell'installare più celle in parallelo, che abbiano ovviamente capacità uguale o con piccole differenze. Per aiutarti a realizzare il tuo pacco batterie con le celle litio ti consigliamo di visitare questo sito. E' un calcolatore ONLINE che ti permetterà di bilanciare i tuoi pacchi batterie partendo dalle varie capacità delle celle stesse.

Clicca Qui Clicca Qui http://repackr.com/

Come funziona questo utile strumento chiamato REPACKR?

Repackr non è altro che un software online dedicato agli amanti della tecnologia litio e batterie.

Basta inserire nel primo campo i vari valori delle celle che hai a disposizione per esempio simuliamo di andare a realizzare un pacco batterie **3S** con **12 celle litio a nostra disposizione**. Nel primo campo chiamato "Cells" andiamo a scrivere separati da virgola i vari valori delle nostre celle (quelli che noi scriviamo sul corpo della cella) che ti ricordiamo GFE può fornirti celle 18650 testate, con valori e capacità TOP, a prezzi molto concorrenziali, celle esclusive Samsung, Sony, Sanio, Panasonic, e tanti altri Brand di qualità.

Step1: INSERIAMO I VALORI DI CAPACITA DELLE NOSTRE 12 CELLE (il pacco 3s3P avrà solo 9 celle)

Step2: SPECIFICHIAMO AL PROGRAMMA CHE TIPO DI PACCO BATTERIA VOGLIAMO COSTRUIRE, NELLO SPECIFICO QUANTE SERIE E QUANTI PARALLELI.Il nostro caso come da premessa è **3 Serie** e **3 Paralleli**.

Dopo aver compilato i 3 campi basta cliccare sul pulsante Generate Packs, questo genererà in pochi secondi la migliore soluzione per realizzare i 3 paralleli di celle che poi andrai a saldare in serie. In poche parole il programma calcola le celle in maniera tale da installarli in combinazione tale da avere una capacita Mah più simile possibile. Perché come sappiamo non possiamo mettere in serie celle o paralleli con capacità notevolmente differenti.

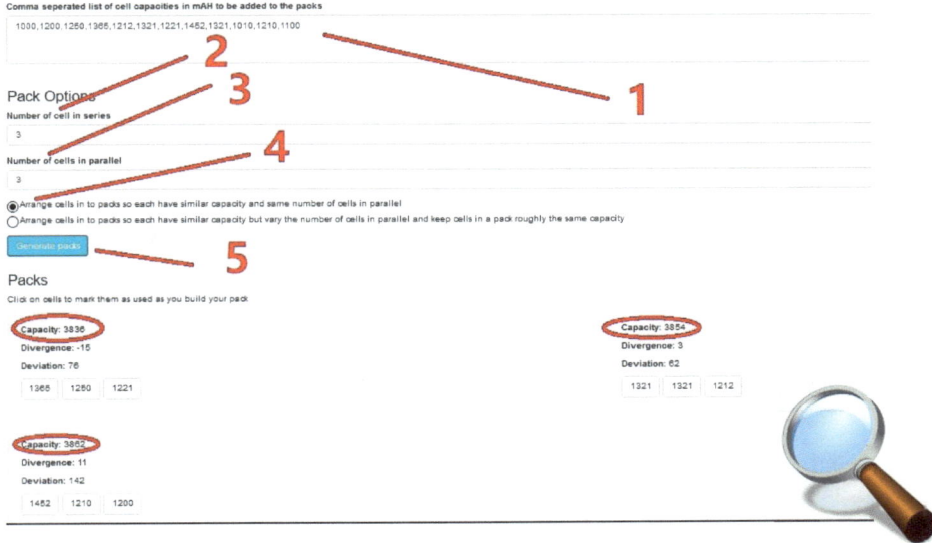

Come vedi da questo esempio, nonostante le nostre celle siano di capacita differenti, alla fine il software ci ha permesso la creazione di numero 3 paralleli da ben 3800mah circa (3836 – 3854 – 3862). In questo caso come puoi vedere partendo da celle sfuse e non facendo confusione al momento della saldatura, abbiamo modo di fare un pacco batteria stabile e che ci dia buone performance, oltre che non ci dia problemi con la scheda di bilanciamento di carica, che vi ricordo dal momento della saldatura e del primo avvio, tutte le celle devono essere allo stesso valore di volte con capacità di ogni parallelo più vicina possibile, questo in esempio che abbiamo appena visto differisce tra una e l'altra di circa 11mA,che è un valore trascurabile.

Le 12 celle che abbiamo calcolato sono queste

1000,1200,1250,1365,1212,1321,1221,1452,1321,1010,1210,1100

Tutte completamente differenti ma poi il programma ci ha dato come risultato:

Parallelo 1 capacità: 3836mah

Celle da utilizzare: 1365/1250/1221

Parallelo 2 capacità: 3854mah

Celle da utilizzare: 1321/1321/1212

Parallelo 3 capacità: 3862mah

Celle da utilizzare: 1452/1210/1200

PRESTA MOLTA ATTENZIONE A QUESTA FASE, OGNI ERRORE NELLA PROGETTAZIONE DEI PARALLELI RICADRA NEL FUNZIONAMENTO EFFETTIVO DEL TUO PACCO BATTERIE.

Dopo aver suddiviso le 12 celle come ci ha consigliato il nostro super programma, possiamo avviare a saldare le celle. Mi raccomando i gruppi di celle che il programma vi crea vanno tutti saldati in parallelo. Sono tutti gruppi di celle da 4,2v (non sbagliate a connetterle in serie). La connessione parallelo è quella ++ /--.

Il nostro pacco batterie simulato dopo aver terminato la saldatura delle celle, installazione della scheda bilanciamento di carica e il connettore di ricarica, altresì il cavo elettrico bipolo per la connessione al nostro utilizzatore avrà queste caratteristiche:

Pacco batteria 12v

Capacità totale: 3.8ah

Tensione: 12.6v

Corrente Max Out (dipende dalla vostra BMS simuliamo 12A)

Numero celle: 12

Connettori a innesto per BMS

Questi sono alcuni dei connettori per schede di bilanciamento di carica, come vedi esistono vari modelli quanti sono i modelli di pacco batterie che si possono costruire. Il colore dei fili elettrici può ovviamente variare, esistono quelli unica tinta, quelli bicolore, quelli come in foto rosso e nero o ancora quelli numerati. Consigliamo di prestare attenzione al momento dell'inserimento nel connettore BMS, questo connettore ha un verso ben specifico, se provi a inserirlo al contrario NON entra, dunque NON insistere poiché rischi di rompere il connettore e le saldature sulla scheda BMS. Ti ricordo che i due cavi esterni sono uno il NEGATIVO e l'altro il POSITIVO totale del tuo pacco batterie. Quelli in mezzo sono le varie connessioni "serie".

GLI STEP PER LA COSTRUZIONE:

Dopo aver realizzato (saldato) i vari paralleli del tuo pacco batterie che ti consigliamo di fare in maniera più professionale possibile, vedi la nostra guida **(Tecniche per saldare le batterie a litio 18650 al costo di 9,90€)**

Prepara la scheda di bilanciamento, per i pacchi batterie come il tuo cioè con più di una cella in serie avrai da saldare vari cavetti elettrici, tanti quanti sono le connessioni serie tra cella e cella. In più sulla scheda stessa vai a saldare il cavo di ricarica cella e un altro cavo di "uscita". Ti consigliamo di realizzare il tuo pacco batterie utilizzando solo celle già testate e funzionanti con tensioni di uscita a vuoto consone, in oltre prima di saldarle è buona norma assicurassi che cella per cella abbiano tensioni simili. Le migliori schede di bilanciamento di carica possiedono un connettore a innesto rapido con già incapsulati dei cavi elettrici (circa 10/25cm) cadauno, questi cavetti sono le vene della nostra batteria, infatti da questi cavi passerà la corrente di ogni settore, e grazie a questi il pacco batteria verrà bilanciato.

La BMS è interconnessa alle celle tramite questi cavi elettrici, che mi raccomando FATE MASSIMA ATTENZIONE. Ha un ordine di partenza, nel senso che non vanno saldati in maniera casuale ma bisogna saldare i cavetti da quello nominato B (-) passo passo a quello B (+). <u>Ogni errore fatto in questo step comporterà danni irreparabili alla scheda bilanciamento di carica.</u>

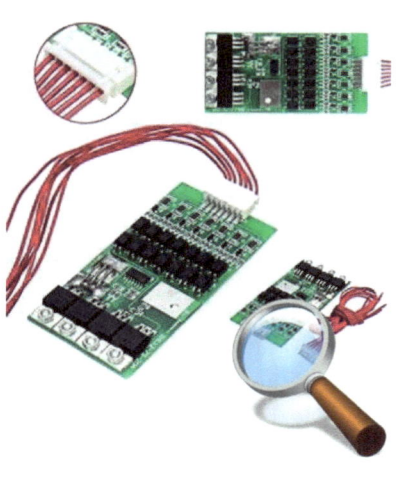

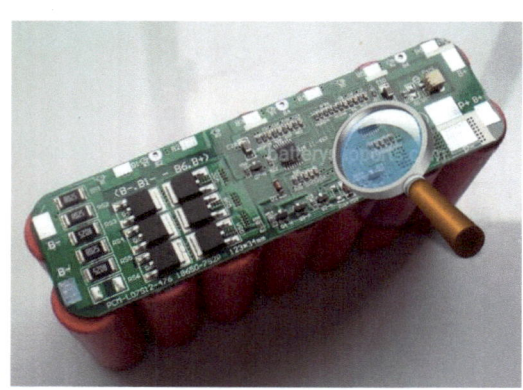

Esempio 7 Celle in serie per 3 Parallelo

Vista dall'alto di un pacco batterie lato fronte e retro, prestate attenzione a come vengono assemblati, uno dei due lati ha sui margini il polo positivo e quello negativo generale sull'altro.

PACCO BATTERIE FRONTE:

PACCO BATTERIE RETRO:

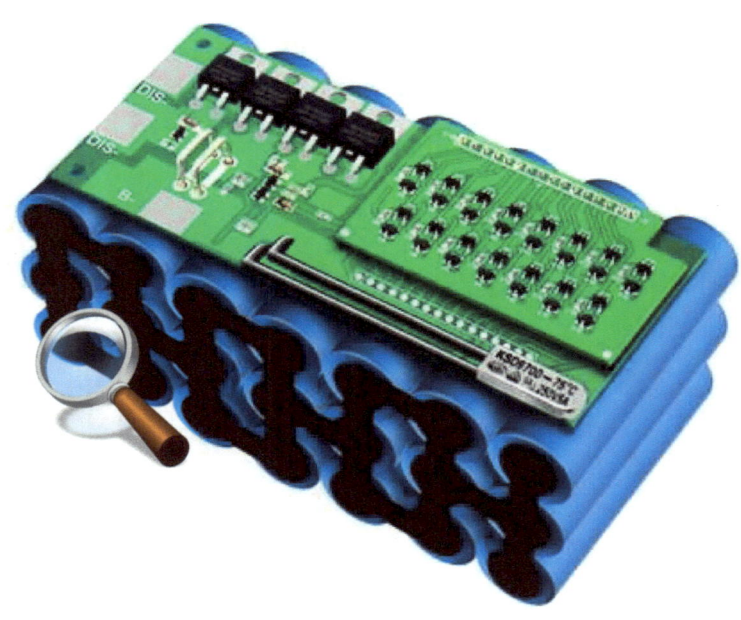

COME SI TESTA LA BATTERIA:

Il test della batteria deve portarvi ad attenzione ogni eventuale stranezza nel funzionamento, sia per quanto riguarda calore generato dalle componenti che dalla "stabilità di tutto il sistema".Tutto deve funzionare in maniera lineare, continua e senza fasi contatti.Dopo aver controllato di non aver fatto errori nelle connessioni e tutto pare funzionare, vai a misurare con un tester le varie tensioni, quelle della cella (**nel caso 7S**) devi misurare cella per cella in serie in più quelle di uscita alla scheda (ove utilizza una scheda con parte OUT).

Le tensioni che DEVI AVERE*: 0v – 4.2v – 8.4v – 12.6v – 16.8v – 21v – 25.2v -29.4v

*Questi valori di tensione li avrai solo se tutte le celle sono cariche al massimo, ove invece le celle non lo siano è normale che le tensioni sfalsano a meno di questi valori, l'importante però che facendo i calcoli abbiate sempre le tensioni corrette settore per settore (serie per serie). Per andare a connettere il tuo carico ti consiglio di utilizzare ovviamente cavo elettrico di qualità questo andrà saldato sui vari PAD della scheda, alcune schede di bilanciamento hanno come uscita su PAD solo il **NEGATIVO**, il **POSITIVO** va preso direttamente dal pacco batteria (cella finale con polo positivo) Questo perché la scheda va a lavorare e chiudere dove necessario (in caso di scatto protezione termina,cortociruito,sovraccarico) il Polo negativo,avendo il polo positivo direttamente connesso al tuo carico.

Come ultima cosa quando abbiamo la conferma che il nostro pacco batterie funziona in maniera ottimale, sia come scarica che come carica è arrivato il momento di mettere al sicuro la componentistica, la soluzione migliore è quella di utilizzare le nostre calze plastiche, basta inserire la batteria dentro e riscaldare con un phon la stessa, in pochi secondi il pacco batterie sarà isolato, e le componenti al sicuro da schizzi e eventuali accessi di corpi metallici (cortocircuiti).

Se utilizzate schede di gestione di qualità non vi servono fusibili dentro alla batteria, in quanto l'elettronica farà da protezione interna, un consiglio che però ti do è quello di mettere il fusibile FUORI dalla batteria, cioè sul cavo POSITIVO in uscita dalla batteria, fate molta attenzione a quale utilizzate, pericolo di incendio del cavo e scheda in casi in cui non sia stato inserito un fusibile corretto.

COSA NON FARE DURANTE LA COSTRUZIONE DI UN PACCO BATTERIA LITIO:

NON INVERTIRE MAI UNA O PIU CELLE DURANTE LA SALDATURA PARALLELO

NON UTILIZZARE CELLE CON VOLTAGGIO SOTTO I 2.4V

NON UTILIZZARE CELLE CON PELLICOLA PROTETTIVA STRAPPATA

NON SALDARE LE CELLE SENZA IL PAD DI PROTEZIONE SUL POLO POSITIVO

NON FARE CORTOCIRUITO DURANTE LA SALDATURA DEL POLO POSITIVO

NON ABBONDARE DI STAGNO SU POLO POSITIVO (CAUSA CORTOCIRCUITO IMMEDIATO)

NON INVERTIRE I CAVETTI DI INTERCONNESSIONE BMS

NON ERRARE A CONNETTERE LA BATTERIA AL BMS

NON CORTOCIRUITARE LE CELLE MENTRE VAI A SALDARE

NON BAGNARE LA BATTERIA

TENERE FUORI DALLA PORTATA DEI BAMBINI PACCO NON PROTETTO

NON TENERE A BATTERIA FINITA LA STESSA SENZA UN CONTENITORE PROTETTIVO

NON UTILIZZARE CAVI DI SEZIONE TROPPO PICCOLA

NON UTILIZZARE CAVETTERIA DI BASSA QUALITA

NON UTILIZZARE STAGNO DI BASSA QUALITA

COSA FARE DURANTE LA COSTRUZIONE DI UN PACCO BATTERIA LITIO:

TESTARE TUTTE LE CELLE UNA PER UNA PRIMA DELL'INIZIO

USA SOLO CELLE PROTETTE DA PELLICOLA

USA SOLO CELLE CON VOLTAGGIO >3.7V

CARICA LE CELLE PRIMA DELL'USO 3.7V

UTILIZZA UN BUON IMPIANTO DI SALDATURA

UTILIZZA UNO STAGNO DI QUALITA

UTILIZZA LA SALDATURA A PUNTI SE NE DISPONI

PROTEGGI AL MASSIMO I CAVI ELETTRICI

SALDA IN MANIERA OTTIMALE I CAVI

USA UN FUSIBILE DI PROTEZIONE NEL POLO POSITIVO D'USCITA

CONNETTI I CAVI DELLA CENTRALINA IN MANIERA ORDINATA E CORRETTA

POSIZIONA LA CENTRALINA BMS IN MANIERA SALDA

PowerwallMAKER
IL CORSO PRATICO SUI GRUPPI DI ACCUMULO
CODICE PROMOZIONALE: MP2021W

Il futuro è batterie litio! Oggi tutto funziona a batteria!
Isciviti al corso pratico sulle batterie litio,inzia a costruire il tuo sistema di accumulo per appartamento quasi a costo zero

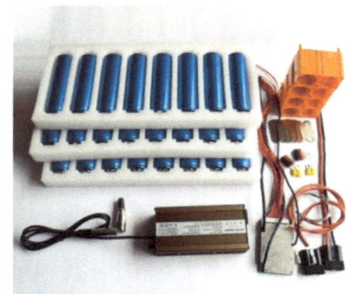

Studia,fai tanta pratica in questo bellissimo mondo sarai capace di costruirti il tuo gruppo di accumulo da 3/5/10/20kwh e volendo staccarsi dal fornitore ente energetico,stop bollette salata! Utilizza il fotovoltaico per generare energia per poi accumularla nelle tue grandi batterie Autocostruite!Entra anche tu nella Famiglia **Powerwall MAKER** Scansiona il QRcode per maggiori dettagli.

**PRENOTA OGGI E AVRAI IL 5% DI SCONTO IMMEDIATO
CONTATTA: GF.ELETTRONICA@LIVE.IT E COMUNICA
IL CODICE PROMOZIONALE**

BATTERY MAKER
IL CORSO PRATICO SULLE BATTERIE LITIO
CODICE PROMOZIONALE: MP2021

Il futuro è batterie litio! Oggi tutto funziona a batteria!
Isciviti al corso pratico sulle batterie litio, inzia una nuova carriera lavorativa in un settore che ogni anno fa milioni di dollari di fatturato!

PRINCIPALI TEMATICHE TRATTATE
- Cosa sono le Batterie a litio
- Analisi del mercato
- Analisi del nuovo settore micromobilità
- Riparazione o Ricostruzione
- Assistenza clienti
- Info commerciali
- Materia prima
- Laboratorio e punto di produzione
- Attrezzatura
- Nuovo/ricondizionato

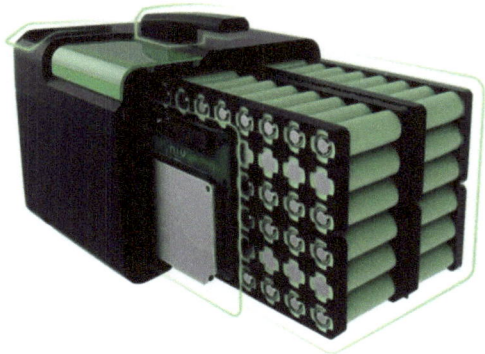

Studia, fai tanta pratica in questo bellissimo settore
Oggi in Italia servono nuove figure che possano
RIPARARE - COSTRUIRE DA ZERO - RICELLARE batterie
di Monopattini, bici, scooter, auto, elettroutensili

Entra anche tu nella Famiglia **BATTERYMAKER**
Scansiona il QRcode per maggiori dettagli

PRENOTA OGGI E AVRAI IL 10% DI SCONTO IMMEDIATO
CONTATTA: GF.ELETTRONICA@LIVE.IT E COMUNICA
IL CODICE PROMOZIONALE

CONNETTORI INNESTO?

Si! I connettori ad innesto sono uno standard nel mondo dell'elettronica, domotica e del fai da te in generale, in linea con le normative vigenti, questi connettori possono essere utilizzati in bassa tensione, o per alcuni modelli anche in media e alta tensione. Al variare delle correnti di spunto dovrà ovviamente variare il modello di connettore, poiché più è alta la corrente più dovrà essere lo spessore della parte metallica di connessione.
Il 90% dei connettori in commercio è formato da un corpo plastico/abs con nella parte interna due poli conduttivi, che siano POSITIVO che NEGATIVO.
Cosa cambia?
Cambia la forma dei connettori stessi, Ci saranno i Femmina e i Maschio, e la loro unione sarà garantita dalla struttura plastica oltre che dal metallo dei poli che si auto innestano a pressione.

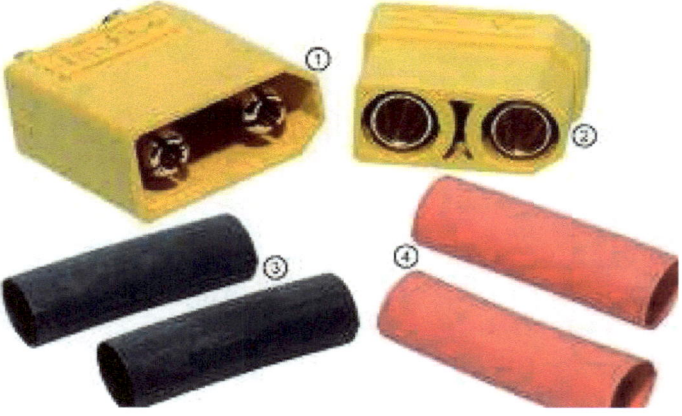

Questo è un esempio di connettore ad innesto, forse il più utilizzato in robotica, droni, e batterie litio. È uno di una serie di connettori simili nella forma ma come abbiamo detto differente nelle prestazioni e dimensioni.
La famiglia è quella degli XT
Abbiamo infatti Xt30 – Xt60 – Xt90
Un altro componente importante per innestare e chiudere per bene un "polo elettrico" è la guaina termoretraibile, che ovviamente dovrebbe essere di colore ROSSO o NERO in base al poso saldato.
I cavi elettrici vanno saldati ai due poli del connettore, mi raccomando di effettuare saldature ottime, ne vale del risultato finale e della durata del cavo stesso. Oltre che se uno dei due poli si dovesse staccare andrebbe immediatamente a fare cortocircuito con il polo opposto a pochi millimetri di distanza.

CONNETTORE A INNESTO COMMERCIALI

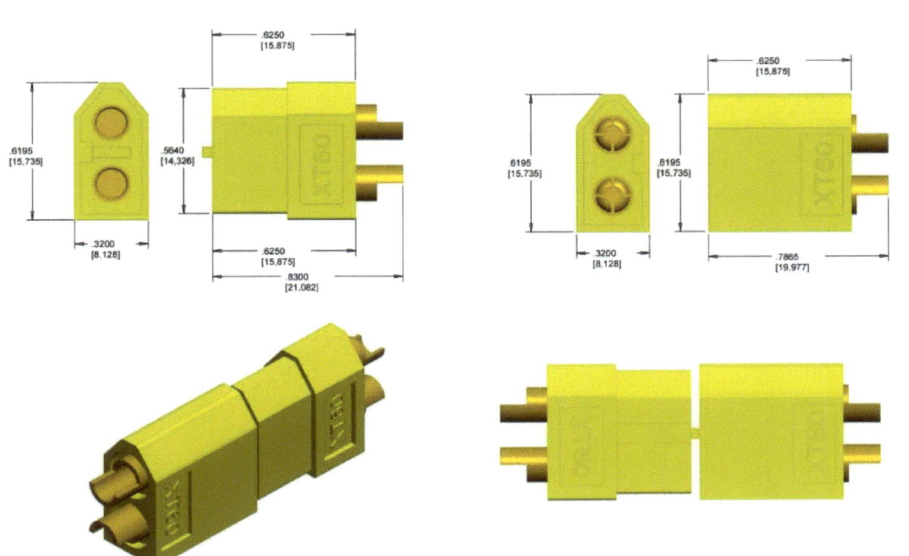

Consigli utili sulla scelta:

I consigli pratici sulla scelta di un paio di connettori ad innesto sono 3, il primo consiglio è quello di andare a cercare le varie schede tecniche dei vari modelli, così da avere un'idea effettiva sulle reali potenzialità del connettore. Un dato importante è quello dell'isolamento e della corrente massima. Consiglio due è quello di sovradimensionare sempre i connettori nel tuo impianto, ciò se il tuo motore ha un assorbimento di 50 A massimi cerca di installare un connettore ad innesto che abbia da scheda tecnica oltre i 70Ampere, così da non avere problemi di surriscaldamento o altri problemi tecnici derivati da una cattiva conducibilità (il motore se il connettore è piccolo non avrà mai i 50Ampere richiesti in etichetta). Prendo in considerazione la famiglia XT perché è quella che ha un rapporto qualità prezzo più alto, molto buona come qualità costruttiva anche se ovviamente hanno un costo che supera altri modelli "economici".

Caratteristiche dei 3 modelli:

Il Modello XT30 ha MAX **30AMPERE** di portata

Il Modello XT60 ha MAX **60AMPERE** di portata

Il Modello XT90 ha MAX **90AMPERE** di portata

Connettori media e bassa potenza

Questa serie di connettori anche essi ad innesto sono però utilizzati per andare ad alimentare carichi di medio/bassa potenza. Infatti una buona parte non supera una portata di 2Ampere
I connettori media bassa portata sono utilizzati su BMS e schede di bilanciamento di carica, questi connettori usualmente connessi a Bms di vario modello hanno il compito di ricaricare in maniera bilanciata i pacchi batterie con correnti basse (nel caso di pacchi batterie di piccole dimensioni).

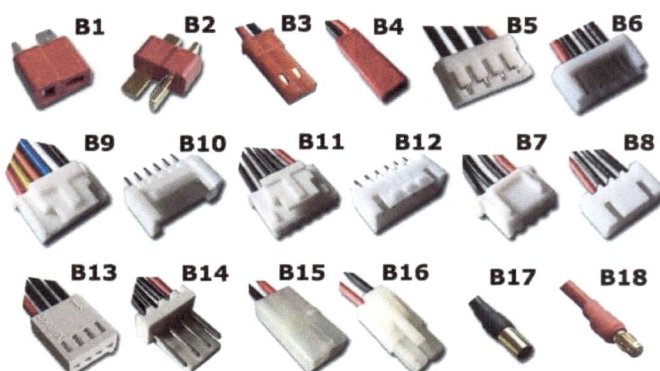

Connettori ad alte prestazioni

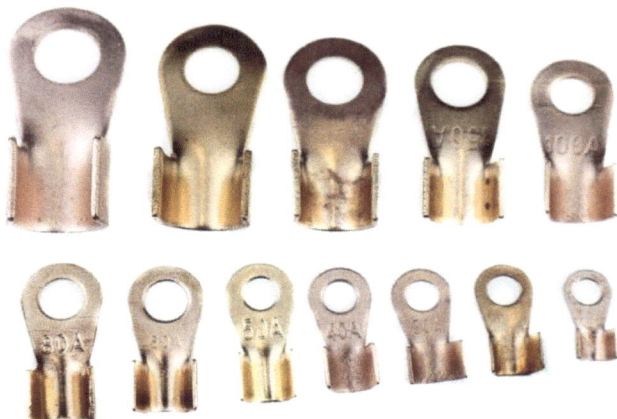

Questa alternativa di connettore non è un vero e proprio connettore ad innesto, ma possiamo ugualmente integrarlo in questo piccolo manuale poiché per corretti alte sono la migliore soluzione. Infatti arrivano anche a oltre 500AMPERE di scarica continua. Anche questi vanno saldati in maniera corretta e isolati con guaina termoretraibile, l'installazione va fatta con bulloni e dadi di adeguato diametro per una conducibilità ottimale.

Raccomandazioni Finali

Si raccomanda l'uso di questi connettori solo se il tuo sistema è compatibile con un sistema Plug, i cavi devono essere saldati e isolati per evitare infiltrazione di acqua e vapori. Non invertire la polarità al momento della saldatura ATTENZIONE può provocare cortocircuiti nel circuito o nella batteria. Testare il connettore saldato prima della connessione alla batteria.

CELLE LITIO 18650

Cari Amici Lettori & clienti, dopo aver ricevuto centinaia di richieste di schemi, guide, istruzioni oggi con questa piccola ma chiara guida vi vogliamo dare il Benvenuto e uno speciale ringraziamento per aver acquistato questo fascicolo.

Su esplicita richiesta del cliente possiamo andare a realizzare **Guide pratiche su pacchi batterie** con specifica tensione per esempio: **Li chiameremo in base al modello (XX S):**

2s 3s 4s 5s 6s 7s 8s 9s 10s 11s 12s 13s 14s 15s 16s 17s 18s 19s 20s 21s e oltre.

Hai domande? Vuoi una guida su misura che possa darti l'info che necessiti? Richiedila al: Gf.elettronica@live.it –

INDICE:

1) COSA SONO LE CELLE 18650

2) QUALI COMPONENTI LE COMPONGONO

3) QUALI ATTENZIONI PER L'USO

4) QUALI BRAND E COME LE RICONOSCIAMO

Le celle a litio 18650 sono delle batterie ricaricabili con contenitore Standardizzato ed utilizzato in tutto il mondo, grazie alle dimensioni contenute/peso riescono tutti i giorni ad alimentare milioni di apparecchi portatili. Dal tuo PC portatile alle sveglie o ancora torcia notturna. Esistono in commercio centinaia di varianti di cella 18650, ciò che differisce cella da cella oltre al Brand di produzione e alla qualità è il valore di "capacità". La capacità di una cella ci indica nel VERO quanta energia quella batteria può raccogliere al suo interno e con semplici alcoli ci darà in base al consumo dell'apparecchiatura da alimentare il risultato finale che è la durata nel tempo " autonomia". La batteria prende il nome dalle sue dimensioni infatti misura 18mm di diametro e 65mm di altezza. Il peso varia dalla qualità della cella stessa, più sarà di qualità e più capienza avrà la cella più sarà il suo peso.

Questa una piccola lista delle celle più diffuse nel mondo, troverete specificato il colore della cover plastica originale, il colore del cerchietto di carta di isolamento polo positivo e i codici di identificazione.

LG	LGCS318650	18650	Blue	White		
LG	LGDA2E18650	18650	Grey	White		
LG	LGDA418650	18650	Yellow	White		
LG	LGDAHA11865 ICR18650HA1	18650	Green (Light)	White		
LG	LGDAHB21865 ICR18650HB2	18650	Teal	White		
LG	LGDAHB61865	18650	Red (Dark)	White		
LG	LGDAHD2C1865	18650	Peach	White		
LG	LGDAMF11865	18650	Purple	White		
LG	LGDAS31865 ICR18650S3	18650	Blue	White		

Manufacturer	Model	Format	Body Color	Text Color	
LG	LGDAS41865	18650	Purple (Dark)	White	
LG	LGDB118650 ICR18650B1	18650	Teal	White	
LG	LGDB218650 ICR18650B2	18650	Pink	White	
LG	LGDB218650 ICR18650B2	18650	Orange	White	
LG	LGDB318650	18650	Tan	White	
LG	LGDBB31865 ICR18650B3	18650	Purple (Dark)	White	
LG	LGDBB31865 ICR18650B3	18650	Salmon	White	
LG	LGDBB31865 ICR18650B3	18650	Tan	White	
LG	LGDBB41865 ICR18650B4	18650	Grey	White	
LG	LGDBC21865 ICR18650C2	18650	Orange	White	
LG	LGDBD11865 ICR18650D1	18650	Pink	White	
LG	LGDBHE21865 IMR18650HE2	18650	Red (Dark)	White	
LG	LGDBHE21865 IMR18650HE2	18650	Red	White	
LG	LGDBHE41865 INR18650HE4	18650	Yellow	White	
LG	LGDBHG21865 INR18650HG2	18650	Brown	White	
LG	LGDBMJ11865 INR18650MJ1	18650	Green	White	
LG	LGDC118650 ICR18650C1	18650	Brown	White	
LG	LGDS218650 ICR18650S2	18650	Peach	White	
LG	LGDS318650 ICR18650S3	18650	Blue	White	
LG	LGEAMF11865 ICR18650MF1	18650	Purple	White	
LG	LGEAS318650 ICR18650S3	18650	Blue	White	
LG	LGEBMF21865	18650	Purple (Dark)	White	

Manufacturer	Model	Size	Body Color	Top Color	
LG	LGEP218650	18650	Purple	White	
LG	LGES218650 ICR18650S2	18650	Peach	White	
LG	LGES318650	18650	Blue	White	
Lishen (LS)	IFR-18650EC	18650	Blue	White	
Lishen (LS)	IMR-26700AB	26700	Brown		
Lishen (LS)	LR18650SK	18650	Green	Blue (Light)	
Lishen (LS)	LR1865AH	18650	Purple (Light)	White	
Lishen (LS)	LR1865AM	18650	Yellow	Grey	
Lishen (LS)	LR1865BC	18650	Orange	White	
Lishen (LS)	LR1865LA	18650	Green	Grey	
Lishen (LS)	LR1865SF	18650	Gray	White	
Moli Energy	ICR-18650	18650	Turquoise	Black	
Moli Energy	ICR-18650G	18650	Grey	Black	
Moli Energy	ICR-18650H	18650	Yellow (Light)	Black	
Moli Energy	ICR-18650J	18650	Purple	Blue (Dark)	
Moli Energy	ICR-18650J	18650	Blue	Black	
Moli Energy	ICR-18650K	18650	Purple	Blue (Dark)	
Moli Energy	ICR-18650K	18650	Green	White	
Moli Energy	ICR-18650M	18650	Purple	Black	
Panasonic	CGR18650	18650	Pink	Black	
Panasonic	CGR18650A	18650	Green (Light)	White	
Panasonic	CGR18650AF	18650	Green	White	
Panasonic	CGR18650C	18650	Blue	White	
Panasonic	CGR18650CA	18650	Pink	Black	

Manufacturer	Model	Size	Body Color	Top Color	Image
Panasonic	CGR18650CE	18650	Green (Light)	White	
Panasonic	CGR18650CF	18650	Purple (Light)	White	
Panasonic	CGR18650CG	18650	Green (Light)	White	
Panasonic	CGR18650CH	18650	Gray	White	
Panasonic	CGR18650D	18650	Teal (Light)	White	
Panasonic	CGR18650DA	18650	Purple	White	
Panasonic	CGR18650E	18650	Pink	White	
Panasonic	CGR18650EA	18650	Green (Light)	White	
Panasonic	CGR18650H	18650	Purple	Black	
Panasonic	CGR18650HG	18650	Orange	Black	
Panasonic	CGR18650HGL	18650	Purple (Dark)	Black	
Panasonic	CGR18650HM	18650	Yellow	Black	
Panasonic	NCR18650	18650	Gray	White	
Panasonic	NCR18650A	18650	Green	White	
Panasonic	NCR18650B	18650	Green (Light)	White	
Panasonic	NCR18650BE	18650	Green (Light)	White	
Panasonic	NCR18650D	18650	Gray	White	
Panasonic	NCR18650PD	18650	Green (Light)	White	
Panasonic	UR18650NSX	18650	Green	Light Brown	
PKCELL	ICR18650-2200mAh	18650	Blue	Black	
Samsung	ICR18650-18	18650	Green (Light)	White	
Samsung	ICR18650-20	18650	Blue	White	
Samsung	ICR18650-20B	18650	Blue (Light)	White	
Samsung	ICR18650-20C	18650	Blue (Light)	White	
Samsung	ICR18650-20F	18650	Blue (Light)	White	
Samsung	ICR18650-22	18650	Teal	Blue (Light)	

Samsung	ICR18650-22B	18650	Teal	Blue
Samsung	ICR18650-22E	18650	Teal	White
Samsung	ICR18650-22F	18650	Green	White
Samsung	ICR18650-22FM	18650	Green	White
Samsung	ICR18650-22FU	18650	Green	White
Samsung	ICR18650-22H	18650	Teal	White
Samsung	ICR18650-22P	18650	Purple (Light)	White
Samsung	ICR18650-24A	18650	Blue (Dark)	Blue
Samsung	ICR18650-24E	18650	Blue	White
Samsung	ICR18650-24F	18650	Green	White
Samsung	ICR18650-26A	18650	Pink	White
Samsung	ICR18650-26C	18650	Pink	White
Samsung	ICR18650-26D	18650	Pink	White
Samsung	ICR18650-26F	18650	Pink	White
Samsung	ICR18650-26FM	18650	Pink	White
Samsung	ICR18650-26FU	18650	Pink	White
Samsung	ICR18650-26H	18650	Pink	White
Samsung	ICR18650-26J	18650	Pink	White
Samsung	ICR18650-28A	18650	Purple (Light)	White
Samsung	ICR18650-30A	18650	Purple (Light)	White
Samsung	ICR18650-30B	18650	Green (Light)	White
Samsung	ICR18650-30B	18650	Purple	White
Samsung	ICR18650-32A	18650	Purple (Light)	White
Samsung	INR18650-13B	18650	Purple	White
Samsung	INR18650-13P	18650	Turquoise	White
Samsung	INR18650-13Q	18650	Teal	White

Brand	Model	Size	Body	Top	
Samsung	INR18650-15M	18650	Blue (Light)	White	
Samsung	INR18650-15MM	18650	Blue (Light)	White	
Samsung	INR18650-15Q INR18650-15L	18650	Green (Light)	White	
Samsung	INR18650-15Q	18650	Teal	White	
Samsung	INR18650-15R	18650	Teal	White	
Samsung	INR18650-20Q	18650	Teal	White	
Samsung	INR18650-20R	18650	Teal	White	
Samsung	INR18650-25R	18650	Green	White	
Samsung	INR18650-25R	18650	Blue (Light)	White	
Samsung	INR18650-29E	18650	Purple (Light)	White	
Samsung	INR18650-30Q	18650	Purple	White	
Sanyo		18650	Red	Purple	
Sanyo		18650	Red	Blue	
Sanyo	NCR18650BF	18650	Red	Brown	
Sanyo	NCR18650BL	18650	Red	Black	
Sanyo	NCR18650GA	18650	Red	Blue	
Sanyo	UR18650A	18650	Red	White	
Sanyo	UR18650E	18650	Red	Purple (Grey)	
Sanyo	UR18650F R1122	18650	Red	Blue (Cyan)	
Sanyo	UR18650FB	18650	Red	Green	
Sanyo	UR18650FJ	18650	Red	Orange	
Sanyo	UR18650FK	18650	Red	Teal	
Sanyo	UR18650FM	18650	Red	Black	
Sanyo	UR18650H	18650	Red	Black	
Sanyo	UR18650RX	18650	Red	Blue	

Sanyo	UR18650S	18650	Red	Orange	
Sanyo	UR18650SA	18650	Red	Brown	
Sanyo	UR18650W2	18650	Red	Pink	
Sanyo	UR18650WX	18650	Red	Blue (Cyan)	
Sanyo	UR18650Y	18650	Red	Green (Light)	
Sanyo	UR18650ZTR1122	18650	Orange	Purple	
Sanyo	UR18650ZTA	18650	Purple	Yellow	
Sanyo	UR18650ZY	18650	Red	Purple (Light)	
Sinc	CRN18650-2200MAH	18650	Green		
SINC	ISR18650-2600MAH	18650	Pink	Grey (Light)	
Sony	<delete>	18650	Green	Black	
Sony	SF US18650V	18650	Green	Black	
Sony	US17670	18650	Blue (Dark)	Tan	
Sony	US18650E	18650	White	Black	
Sony	US18650FT	18650	Green	Black	
Sony	US18650GR (G2)	18650	Green	Black	
Sony	US18650GR (G3)	18650	Green	Black	
Sony	US18650GR (G4)	18650	Green	Black	

Se anche tu hai almeno una di queste celle e vuoi scoprire se è di buona qualità o se sia una cella di produzione ''anonima'' segui questa lista. Troverai la specifica del colore cover di protezione, colore della carta polo positivo che solitamente è in carta leggera o cartoncino, componente indispensabile per evitare cortocircuiti nella cella stessa. Il numero di serie/brand e anno di produzione ti diranno seguendo le specifiche e le schede tecniche che disponiamo per gli interessati ti diranno quanto è la capacità della tua cella, le tensioni di lavoro, correnti, temperature e tantissimi altri dati importanti. Celle Litio 18650 False, fate molta attenzione su cosa andate ad acquistare, in commercio esistono centinaia di modelli FAKE, falsi che i venditori spacciano per ''BUONE'' invece sono solo DELLE FALSE CELLE.

POLO POSITIVO DELLE CELLE 18650

Tutte le celle 18650, racchiudono dentro la cover plastica, su polo positivo un piccolo cerchietto di carta o cartone, che ha lo scopo e compito molto importante di mantenere al massimo isolato il corpo della cella (negativo) con il polo positivo.

Come sappiamo sono a una distanza di pochi mm uno dall'altro. Un cortocircuito comporterebbe gravi danni alla cella e anche all'operatore che per caso si trova nei paraggi. Queste celle infatti ove messe in cortocircuito andranno in over e in meno di qualche secondo o minuto si avrà un'auto scarica con scoppi e fiamme. Tutto questo dipende anche da cella a cella, esistono celle di buona qualità che adottano dei piccoli accorgimenti che minimizzano l'esplosione, ma esistono anche celle low quality che in meno di pochi secondi esplodono come petardi. Andiamo a dire anche che alcune celle possono essere di buon BRAND ma possono essere "difettose". Questo vuol significare che pur essendo di good quality possono non rispettare le norme e gli standard di sicurezza della casa madre. Questo è un caso molto difficile, ma può sempre capitare ci imbattiamo su una cella "acquistata a basso costo ma di buona qualità".

Un altro componente importantissimo di una cella 18650 è la cover, la cover esiste di vario colore e spessore, la standard comunque è una pellicola termica che dopo essere stata inserita basta una fonte di calore per farla restringere e aderire tutta attorno alla carcassa della cella stessa.

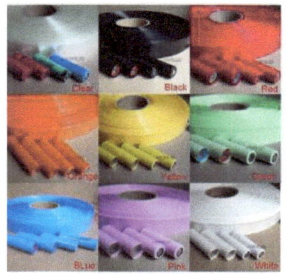

Cosa molto importante per la sicurezza è questa pellicola, in quanto mantiene la cella ben ISOLATA, il corpo della stessa infatti è tutto polo negativo e potrebbe capitare che con altre celle "spogliate di cover" ci diano un mega cortocircuito con possibili esplosioni e fiamme. Non dimenticare di cambiare la copertura ove ci siano strappi o guasti! È molto importante averla sempre perfetta su tutta la superficie!

LE DIMENSIONI DELLA CELLA 18650

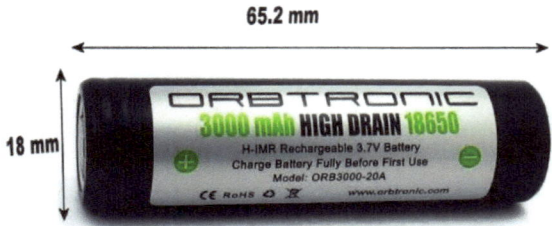

Com'è fatta dentro la cella?

La cella al suo interno ha un lenzuolino lungo qualche metro di materiale isolante affiancato con materiale semiconduttore, in più un liquido che mantiene gli elementi elettrolitici in buono stato di vita. Questo lenzuolino lungo qualche metro viene arrotolato su sé stesso andando a formate un cilindro morbido, dove nel punto centrale abbiamo il polo POSITIVO e nel punto di fine esterno abbiamo il polo NEGATIVO. Questo poi verrà inserito dentro al contenitore in metallo e verranno connessi al metallo di ''massa'' carcassa e al polo metallico positivo della cella. Più è lungo il lenzuolino, più giri avrà il nostro cilindro di materiale conduttore/isolante più sarà pesante la nostra cella e più sarà ovviamente la capacità di accumulo della stessa.

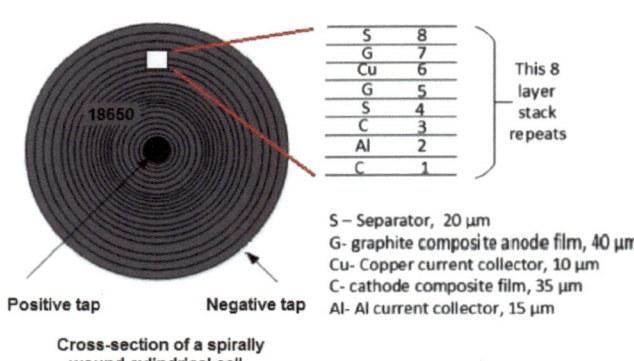

La capacità delle celle si misura in mah (milliampere/ora)

Una Cella di buona capacità va dai 2000 ai 3500mah, esistono comunque celle con capacità inferiore, come per esempio: 700mah-900mah-1000mah-1200mah.Ottime ove non si necessità di grande autonomia. Ove invece hai necessità di autonomia esistono anche celle molto più prestazionali! Ovviamente tutto è proporzionale al budget di spesa che hai per il tuo progetto. Abbiamo infatti celle da:3100mah-3200mah-**3500mah** è la migliore attuale cella sul mercato!

Ovviamente stiamo parlando di celle Brandizzate, originali e di qualità. Poiché su e-commerce esteri troviamo celle anonime con valori che superano nettamente questa soglia. Ma come andremo a vedere e come avete già potuto capire dal video "fake cell" sono solo falsari che vendono prodotti di bassa qualità o bassa capacità inserendo etichette false. Le celle 18650 come valore di scheda tecnica importante è da tenere in considerazione anche la corrente max di scarica. Abbiamo infatti celle che riescono a dare scariche di corrente sotto sollecitazione di oltre 10/15/20Amper.Esistono celle per particolari usi vedi (sigaretta elettronica) che riescono a dare impulsi di oltre 30/38A.

POLO POSITIVO:

Esistono due alternative per il polo positivo, una è quella di un polo piatto a livello della guaina e isolatore di carta, e la seconda è quella "sporgente' 'Per esperienza vi dico che NON dovete andare a spendere soldi ove la cella sia modello SPORGENTE in quanto è già un dato che ci fa pensare sia FAKE. Le celle di buona qualità sono tutte con polo positivo PIATTO, questo perché le grandi aziende le vanno a saldare con puntatrici

ALCUNE CELLE COMMERCIALI

TROVA L'INTRUSO/I

IN QUESTA FOTO ABBIAMO 7 CELLE COMMERCIALI CHE POTRETE TROVARE NEL MERCATO, FATE BENE ATTENZIONE A LEGGERE I DATI DI TARGA.COSA NOTI DI STRANO?

Cavi elettrici Tabella delle sezioni commerciali

AWG	Diametro mm	Sezione (Area) mm2	AWG	Diametro mm	Sezione (Area) mm2
0000 (4/0)	11,684	107,22	21	0,723	0,411
000 (3/0)	10,405	85,01	22	0,644	0,324
00 (2/0)	9,266	67,43	23	0,573	0,259
0 (1/0)	8,252	53,49	24	0,511	0,205
1	7,348	42,41	25	0,455	0,162
2	6,544	33,62	26	0,405	0,128
3	5,827	26,67	27	0,361	0,102
4	5,189	21,15	28	0,321	0,0806
5	4,62	16,77	29	0,286	0,0649
6	4,115	13,3	30	0,255	0,0507
7	3,655	10,55	31	0,227	0,0401
8	3,264	8,37	32	0,202	0,0324
9	2,906	6,63	33	0,18	0,0255
10	2,588	5,26	34	0,16	0,0201
11	2,305	4,17	35	0,143	0,0159
12	2,052	3,31	36	0,127	0,0127
13	1,828	2,63	37	0,113	0,0103
14	1,623	2,08	38	0,101	0,0081
15	1,45	1,65	39	0,09	0,0062
16	1,291	1,31	40	0,08	0,0049
17	1,149	1,04	41	0,071	0,0039
18	1,024	0,823	42	0,064	0,0032
19	0,912	0,653	43	0,056	0,0025
20	0,812	0,519	44	0,051	0,0020

I conduttori più Utilizzati con specifica correnti massime:

AWG	Dia mm	SWG	Dia mm	Max Amps	Ohms / 100 m
11	2.30	13	2.34	12	0.47
12	2.05	14	2.03	9.3	0.67
13	1.83	15	1.83	7.4	0.85
14	1.63	16	1.63	5.9	1.07
15	1.45	17	1.42	4.7	1.35
16	1.29	18	1.219	3.7	1.48
18	1.024	19	1.016	2.3	2.04
19	0.912	20	0.914	1.8	2.6
20	0.812	21	0.813	1.5	3.5
21	0.723	22	0.711	1.2	4.3
22	0.644	23	0.610	0.92	5.6
23	0.573	24	0.559	0.729	7.0
24	0.511	25	0.508	0.577	8.7
25	0.455	26	0.457	0.457	10.5
26	0.405	27	0.417	0.361	13.0
27	0.361	28	0.376	0.288	15.5
28	0.321	30	0.315	0.226	22.1
29	0.286	32	0.274	0.182	29.2
30	0.255	33	0.254	0.142	34.7
31	0.226	34	0.234	0.113	40.2
32	0.203	36	0.193	0.091	58.9
33	0.180	37	0.173	0.072	76.7
34	0.160	38	0.152	0.056	94.5
35	0.142	39	0.132	0.044	121.2

I FUSIBILI – MODELLI COMMERCIALI

In commercio esistono centinaia di modelli, dimensioni, forme e correnti di riferimento. Il fusibile è un componente elettrico di protezione che viene montato in tutti gli impianti elettrici come componente di protezione, infatti ci protegge da cortocircuiti. Ma come funzionano i fusibili?
Semplicissimo! I fusibili che siano in vetro, ceramica, plastica etc. Hanno un contenitore esterno, che ne dà la forma e il colore, poi internamente però la tecnologia è sempre la stessa. Abbiamo infatti una striscetta di materiale conduttore, che ci permette di far scorrere gli elettroni ed alimentare il nostro utilizzatore. Possiamo infatti alimentare luci led, motori, lampade alogene, e circuiti elettronici in genere. Il fusibile generalmente va inserito sul polo positivo del cavo di alimentazione, al passaggio della corrente il fusibile non si oppone, ma ove si superi la soglia di scheda tecnica dello stesso si surriscalda la lamina conduttiva, salgono le temperature, diventa incandescente fino a quando non si brucia. Bruciandosi interrompe il circuito, cioè ci ha protetto la nostra carica da un sovraccarico.

Esempio:
Abbiamo un motore elettrico + una batteria a litio
Per alimentare il nostro motore elettrico che massimo può assorbire 50Apere cosa dobbiamo fare? Andiamo a mettere un fusibile di 50Amp come dato di targa, cosi ogni corrente extra verrà percepita dal fusibile come oltre lo standard e si andrà a bruciare. È possibile utilizzare anche fusibili con valori inferiori a quello di massimo riportato nel dato di targa del motore o utilizzatore, per esempio uno da 10AMP/20AMP/30AMP etc. Cosa succede ove si utilizzi valori inferiori? Che se il tuo motore ha una necessità di corrente oltre la soglia del fusibile quest'ultimo si brucia, anche se il motore nello specifico può anche andare ben oltre i 10 o 20 AMPERE. Questo succede se il nostro motore è installato per esempio su una bici elettrica, in una percorrenza standard senza salite, pendenze abbiamo per esempio un assorbimento di corrente di 20AMPER, quando iniziamo a fare la salita, e più alta è questa più farà fatica il motore a spingerti e più sarà la richiesta di corrente si può arrivare anche oltre i 50° per esempio di scheda tecnica del motore. Come hai capito questi sbalzi di corrente non fanno bene ai cavi se mal dimensionati, e nemmeno alle schede delle batterie litio, ma vale uguale alle batterie al piombo o gel, che tutte vantano altissime correnti di Impulso anche oltre i 200/300AMPERE.

Questo esempio vale anche in un impianto fotovoltaico dove come giusta regola va posizionato un fusibile in ingresso e uscita dal regolatore di carica, cosi da proteggere sia a monte che a valle di esso. I fusibili vengono utilizzati nelle auto, moto, scooter tradizionali, li troviamo anche in prodotti di qualità come elettrodomestici, bici elettriche, scooter elettrici, TV, monitor, computer e tanto altro. Lo scopo è sempre quello di protezione del circuito a valle del fusibile, anche se funzionano a bassa, media o alta tensione. Infatti nelle TV e utilizzatori a 230v i fusibili sono dimensionati per correnti basse anche **mA** (milliampere) e lavorano in maniera precisa.

Più è alta la tensione, meno sarà la corrente che avremo nel nostro impianto, viceversa nel caso di impianti a bassa tensione vedi 12v delle auto! Li i fusibili hanno valori molto alti di corrente, come per esempio 5-10-20-30-50-100AMPERE. Se poi andiamo anche sul settore AUDIOFILO, dunque amplificatori, batterie ad alte prestazioni le correnti superano abbondantemente anche i 200/300AMPERE

FUSIBILI DI ALTI AMPERE

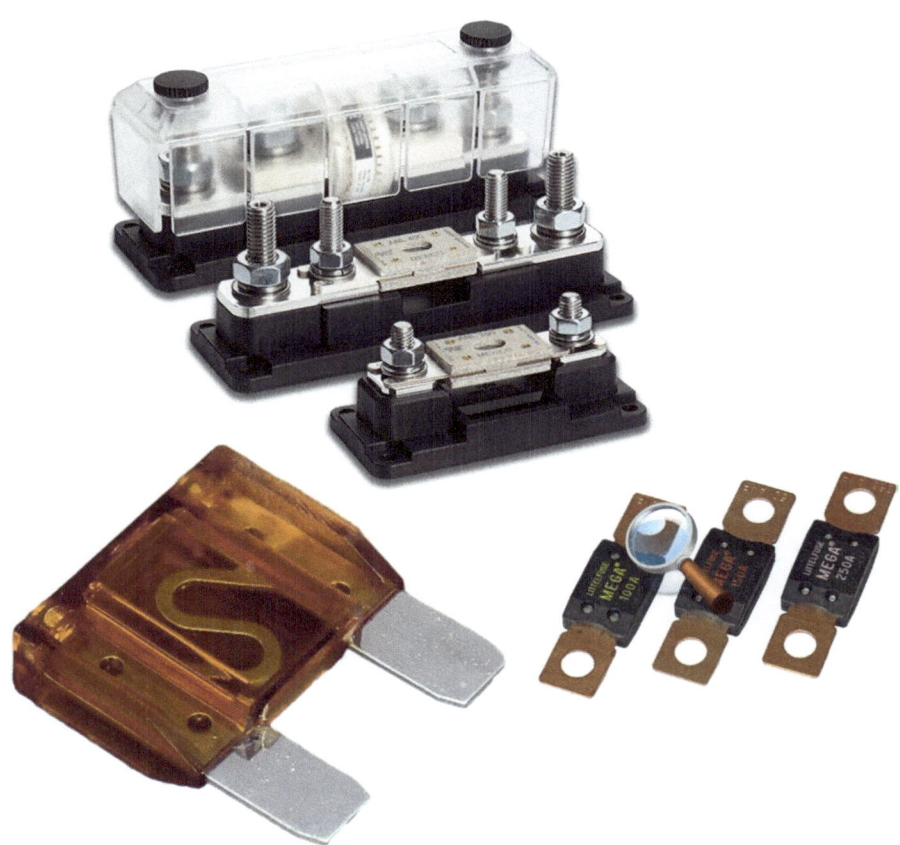

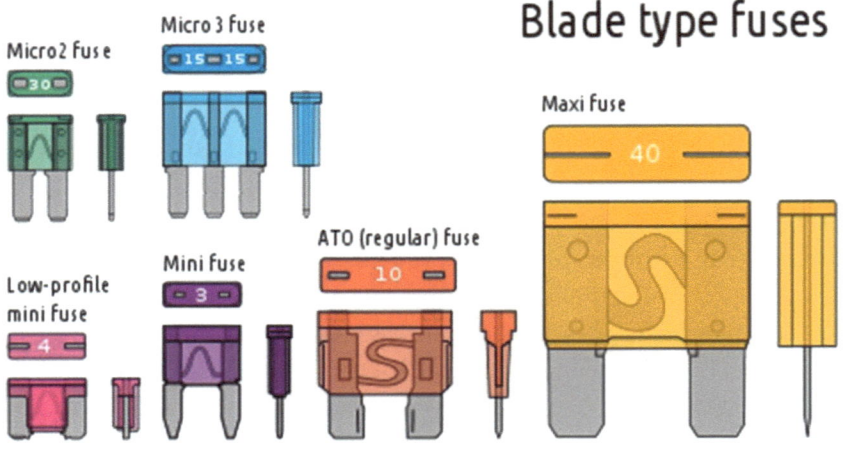

FUSIBILI BASSI AMPERE

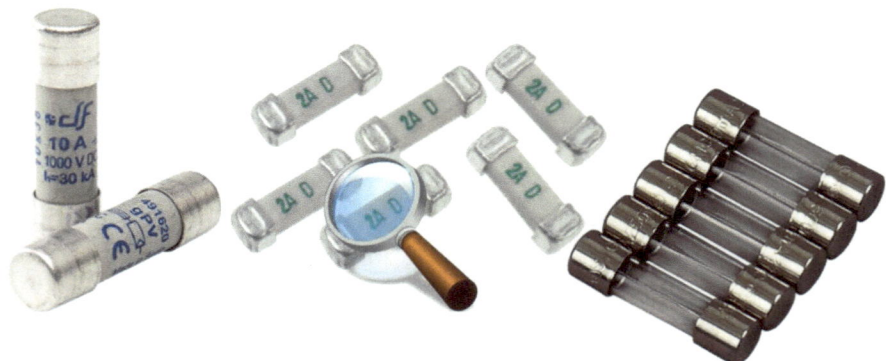

Visti alcuni modelli di fusibile che puoi reperire facilmente in un qualsiasi negozio di elettricità/elettronica passiamo ad analizzare il funzionamento. Questi sono componenti USA e GETTA, appunto perché quando entrano in funzione si bruciano e non potranno più essere riutilizzati. Esistono poi un'altra categoria di fusibile, più complessa e utilizzata in applicazioni particolari, sono appunto i fusibili auto ripristinanti. Tali componenti si utilizzano nella stessa maniera dei fusibili che stiamo analizzando in questi fascicoli, con la sola differenza che la lamina interna dopo un periodo di "riposo" torna nuovamente in posizione di partenza. Ritornando in posizione permette nuovamente al circuito di funzionare come da standard, e ovviamente il suo funzionamento si ripeterà per più e più volte. Questo ti andrà a far risparmiare la noia di sostituire i fusibili manualmente, l'acquisto degli stessi, e di restare "al buio" con la strumentazione che proteggeva.

Ovviamente però il costo di un fusibile normale è davvero davvero basso, invece quelle auto ripristinanti che sono in categoria speciale sono molto più alti. Un 'esempio di protezione ai cortocircuiti che si auto ripristina o meglio che ti protegge ma poi si può andare a farla rifunzionare è il nostro salvavita in appartamento o garage. Questo cosa fa? Scatta appena capta un sovraccarico o un cortocircuito, ma ovviamente la riattivazione non è automatica per questioni di sicurezza dovrai tu andare a riarmare l'interruttore e far scorrere nuovamente energia al tuo impianto (dopo aver eliminato ovviamente la causa del malfunzionamento che ha fatto scattare il salvavita).

Se vuoi più info sul funzionamento del salvavita di casa tua, ti voglio ricordare che è disponibile un fascicolo tutto dedicato a lui. Troverai info, nozioni tecniche e tanti consigli sull'uso.

FUSIBILI AUTORIPRISTINANTI

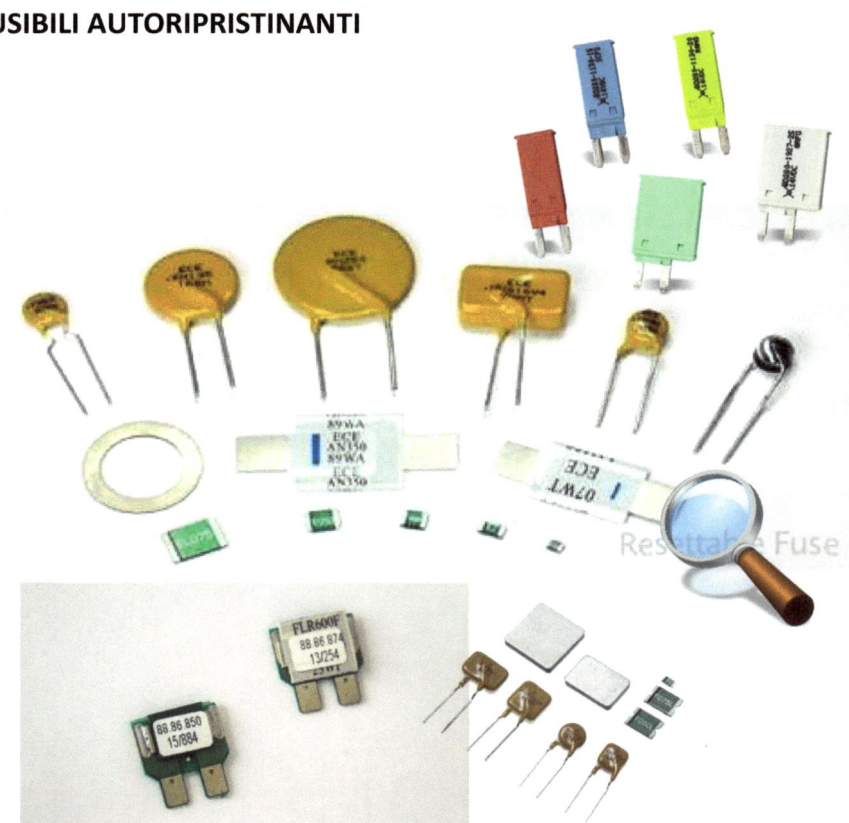

SUPER FUSIBILE 500A

SCHEMA ELETTRICO CON L'USO DEL FUSIBILE

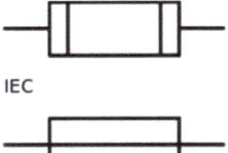
IEC

Il Simbolo elettrico del fusibile varia in base ai modelli, questi tre sono un esempio pratico. Varia anche dalla simbologia corrispondente alle

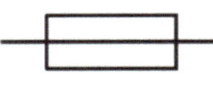
IEEE/ANSI

Institute of Elettrica and Electronics Engineers,

IEEE/ANSI

International Electrotechnical Commission

American National Standards Institute.

SCHEMA ELETTRICO CON FUSIBILE

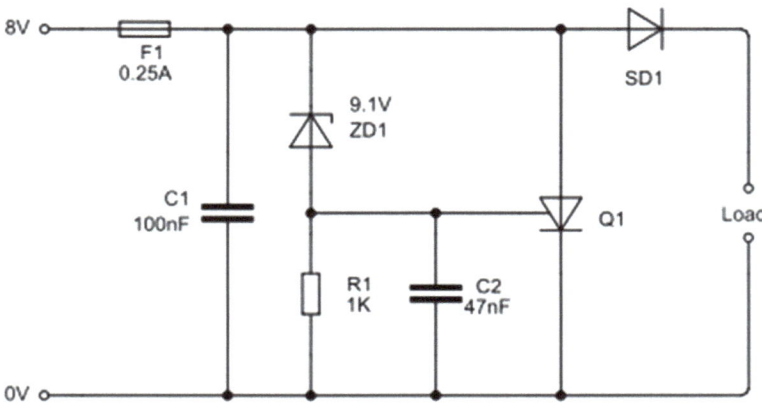

Questo è un banalissimo schema elettrico dove trovi il fusibile, come vedi e come già detto in precedenza vanno inseriti sui poli POSITIVI di alimentazione dei circuiti, che siano circuiti elettrici o elettronici (PCB). In questo schema il fusibile è il componente chiamato F1 da 0.25AMP. La tensione di funzionamento di tutto il circuito è di 8v e la potenza massima permessa al carico è di 2w. Ove il carico o il circuito a valle del fusibile abbia un assorbimento oltre questi 0.250mA il fusibile si brucia, proteggendo il tutto in maniera automatica. Se utilizzato un fusibile auto ripristinante il tutto si riavvierà dopo poco (ove non ci sia ancora il cortocircuito a valle) o se è un fusibile standard va sostituito con uno nuovo con uguali caratteristiche elettriche.

Schema colori (per mini e medium):

Colore	Portata
Nero	1A (solo medium)
Grigio	2A
Viola	3A
Rosa	4A
Arancio	5A
Marrone	7.5A
Rosso	10A
Blu-Azzurro	15A
Giallo	20A
Trasparente	25A
Verde	30A
Verde-Blu	35A (solo medium)
Ambra	40A (solo medium)

Colori fusibili dimensione grande

Colore	Portata
Giallo	20A
Grigio	25A (poco usato)
Verde	30A
Marrone	35A (poco usato)
Arancio	40A
Rosso	50A
Blu-Azzurro	60A
Arancio	70A
Trasparente	80A
Viola	100A

FUSIBILI TERMICI

Esistono anche i fusibili termici, che come dice anche la parola stessa TEMPERATURA. Questi fusibili scattano non con il variare della corrente nel filamento interno ma con l'aumentare della temperatura del componente da tenere sotto controllo. Per esempio abbiamo un motore elettrico che non deve andare oltre i 50°C, andiamo a inserire un fusibile termico sul polo positivo di alimentazione e questo si brucerà o meglio andrà ad aprire il circuito (proteggendo il motore) da una temperatura oltre quella da Scheda tecnica. Un ulteriore uso può essere su l'uso di resistenze elettriche per il riscaldamento, superata una soglia di temperatura il circuito viene interrotto, viene tolta corrente alle resistenze cosi da stare sotto la soglia limite.

I fusibili termici sono anche chiamati TCO vanno da circa 50 a 300°C, esistono anche per questo modello di fusibile dei tipi ripristinabili, forzando manualmente la lamina in posizione di lavoro e non AUTO ripristinanti come nel passato modello.

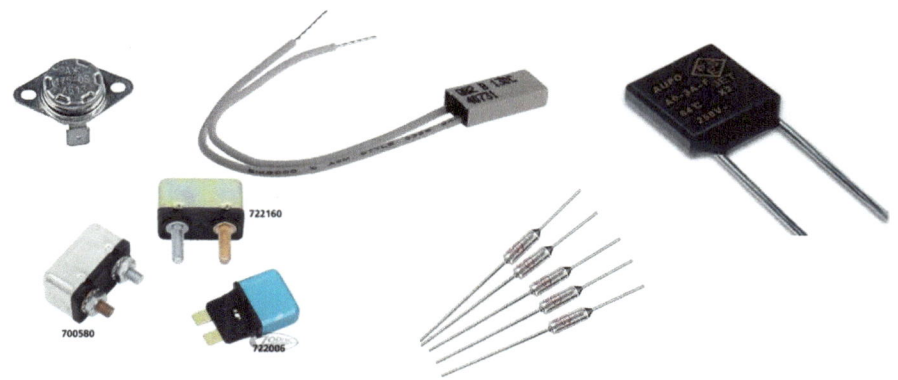

Soluzioni commerciali di facile uso, fusibili Standard

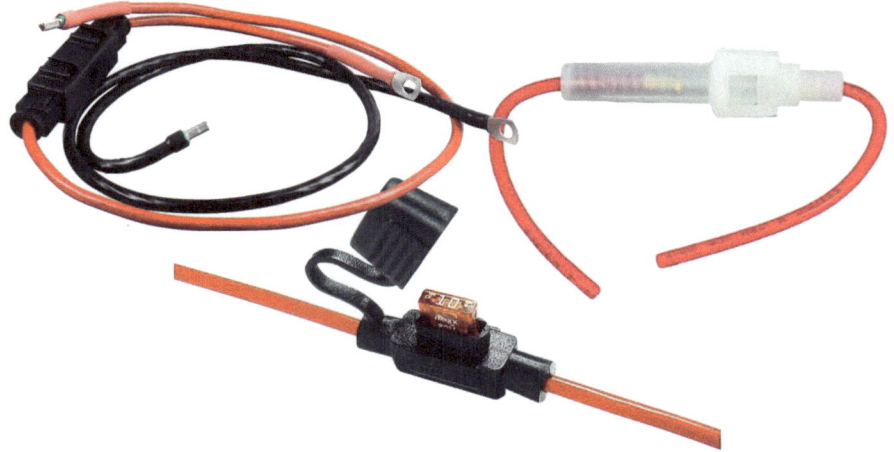

Questa guida finisce qui, ti invito a lasciare un Feedback positivo 5 stelle e magari una foto, con un tuo commento su Amazon!
Non dimenticare che puoi trovare più fascicoli anche di altre tematiche direttamente Online, spedizione veloce e gratuita grazie ad Amazon Prime!
E ricorda che gli unici fascicoli GFE sono questi!

Questo e tanto altro lo trovi sul canale Youtube Fox Tech Channel

Iscriviti anche tu e segui tutti i miei progetti in prima linea!

www.ingramcontent.com/pod-product-compliance
Lightning Source LLC
Chambersburg PA
CBHW040250220526
45473CB00001B/435